科 学 家 们 有 点 儿 忙

我的牛顿教练

⑤惊人的力量

很忙工作室◎著　　有福画童书◎绘

U0239624

北京科学技术出版社
100 层 童 书 馆

艾萨克·牛顿先生是我们这个星球最伟大的科学家之一。

你好！

他提出了万有引力定律……

……和牛顿运动定律。

他发明了反射望远镜，提出了金本位制，还是微积分的创立者之一。

$$\int_a^b f(x)dx = F(b) - F(a)$$

GOLD

3

力量！

牛顿教练，您在叫我吗？

我就是力量呀，您怎么知道我要来？

来得正好，没人比你更适合参与这次研究了。

是，我对健身很感兴趣！

嘿嘿，其实我不是单纯在健身，主要是在研究"力量"！

太好了！我正想在运动项目中找到"奇迹之力"！

牛顿教练，完成哪个项目需要的力量最大啊？

那要看你怎么定义"力量"了。

4

体育运动的魅力来源之一就是力量的比拼。

有些力量我们可以很直观地体会到，但还有很多力量不那么容易被发现。

顶尖短跑运动员奔跑时，一只脚可以对地面施加4000牛顿的力。

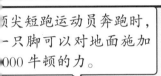

力的单位是牛顿（N），这是牛顿教练提出来的。一个体重50千克的人所受重力大约是500牛顿。

教练，我们去现场看看吧！

好的，等我做完运动后拉伸。

根据牛顿第三运动定律，地面也会给顶尖短跑运动员的一只脚施加4000牛顿反作用力。但是，这个力到底有多大，还是不好理解呀！

把力转化为重量就容易理解了。4000牛顿大概相当于400千克物体产生的力。

400千克

这个重量是博尔特体重的4倍多！

我承受了太多不该承受的……

没想到"奇迹之力"就在我面前！

短跑还不是人体受力最大的项目。你看那边！

跳高运动员起跳时，蹬地的那只脚受到地面的垂直冲击力更大。

牛顿第二运动定律：
物体加速度的大小与其受到的作用力成正比，与物体的质量成反比；加速度的方向和作用力的方向相同。

大石头重，获得的加速度小。我的力对它的移动产生的作用不大。

我用同样的力推两块石头，来演示一下。

小石头轻，获得了较大的加速度，所以往前移动的距离远。

牛顿第二运动定律用公式 F=ma 表示。

F=ma
物体的受力 = 质量 × 加速度

在讲羽毛球急速下降的原因时，我用到的是这个公式的一种变形。

$$a = \frac{F}{m}$$

人落地时本身有一个向下的加速度，所以当脚落到地上的时候，就会对地面产生一个作用力。

地面受力后给予脚向上的反作用力，于是人体就有了一个向上的、比较大的加速度。

人的质量没有改变，但加速度变大，这直接导致人承受的力变大！看下面这个公式：加速度变大之后，物体的受力也变大了。

物体的受力 = 质量 × 加速度

大约相当于人体体重的 5 到 7 倍。

没想到人类竟然能承受这么大的力……

最初运动员第一跳跳得又高又远。

后来又变成最后一跳更远一些。

现在在比赛中占主导地位的是"平跳型"跳法，也就是第一跳最远，并且三跳的距离差别不是很大。

第一跳落地时单脚承受的地面垂直冲击力相当于运动员体重的22倍！

竟然是跳高的两倍！"奇迹之力"终于被我找到了！

人类的身体难道是特制的吗？好想要这样的身体啊！

别瞎想了，当然不是啊！

运动员在落地的时候会有一定的缓冲时间，让速度逐渐降为零，而不是瞬间降为零。

脚落地时，身体还存在向下运动的趋势，身体的质心就会继续往下运动一小段距离。

如果落地时向下的加速度不是瞬间变为零，那么向上的加速度也就没有那么大了。

物体的受力 = 质量×加速度

不过，人体的构造确实很特别。

我们的骨骼有无比强大的承重能力，其组织结构就像钢筋混凝土。

在人体骨骼中，有机物有层次地紧密排列，就像混凝土中的钢筋，形成网状结构。

无机物紧实地填充在这个网状结构中，像混凝土中的水泥一样，增加了骨骼的坚实度。

有人测算过，成人的小腿胫骨可以承受超过1.6吨的纵向压力，这个承受力已经超过了花岗岩。

您的骨头比石头还结实？

这只是在实验室的特殊条件下计算出来的数据。

现实中，一个侧向稍大一点儿的力就可能造成骨折！

据《史记》记载，秦国的秦武王拥有神力，经常和手下的武将比力气。

在一场非正式举重比赛中，秦武王举起了"龙文赤鼎"。

但是，鼎的重量超过了秦武王的承受极限，他被当场压断了髌骨。

髌骨是用手可以摸到的膝盖前方最突出的那块骨头。

年仅 23 岁的秦武王为探索人类力量极限献出了生命。

压断髌骨其实并不致命，秦武王的死因很可能是高压造成的血管崩裂。

这个人可以划掉了。

最强！
秦武王

牛顿教练，还有哪些运动项目中有很强的力量呢？

先让我休息一会儿。

好!

吓死我了！不过，你提醒了我，我带你去看下一个项目。

快看大力士！

去大力士中寻找力量？这主意好像不错！

体育运动中，举重运动员都是大力士。

请选择角色

上一步　下一步

大力士都是拥有超强力量的人。如果他们参加举重比赛，结果会是什么样的呢？

肯定会力压群雄啊！

哈哈哈！

难道不是吗？

目前举重最大重量级别的挺举世界纪录只有260多公斤。

260公斤

美国大力士马克·亨利曾经创造过无装备深蹲430公斤的世界纪录。

马克·亨利一度迷上了竞技举重，还参加了1996年的亚特兰大奥运会。

Atlanta1996

不过，他只获得了第十名。

啊？

这是因为，任何靠爆发力完成的力量项目都不是只靠量大就能取得好成绩的。

物理学原理才是这类运动的终极成功秘籍。

牛顿教练，在哪里可以买到您的书？

要把相当于自身重量几倍的杠铃举过头顶，我们用日常举重物的方法是办不到的。

物体在静止状态时，受到地球重力和地面的支撑力……

我知道，这两个力是平衡的。

抓举需要一口气把杠铃从地面举过头顶。

首先要快速把杠铃提起来。

这时拉力是大于重力的。

① ② ③

物体对水平支持物的压力（或对竖直悬挂物的拉力）大于物体所受重力的现象叫超重。

杠铃在这个过程中处于超重状态。

与超重相对应的是失重。

我知道！玩蹦极、坐过山车、坐电梯——都能体验到失重。

物体对水平支持物的压力（或对竖直悬挂物的拉力）小于物体所受重力的现象叫失重。

电梯向下加速度运动。

支持力小于重力。

太快了，这个电梯是做物理实验用的吧……

心脏被提到嗓子眼的感觉。

物体对水平支持物的压力（或对悬挂物的拉力）等于零，这种现象叫完全失重。

我们还没体验过完全失重呢。

是太空里那种吗？

正常运转的太空舱中的物体就是处于完全失重的状态。

完全失重的体验感还不错。

不过，超重和举重有什么关系呢？

超重状态下的杠铃比它在静止状态时还要重！

那是不是更难举起来了？

光靠双手你不可能把杠铃提过头顶。你要在上提的同时，身体快速下蹲，"钻"到杠铃下方做支撑。

最后借助腰、臀和腿部的力量，起身，把杠铃举过头顶。

咦，我印象里的举重运动员最后好像要呈现一个类似弓步的姿态。

你说的是挺举吧?

挺举和抓举的前半部分动作是相似的,只是挺举时,人在钻进杠铃下面之后,要用锁骨和肩窝扛住杠铃。

这样就可以歇一下,喘口气是吧?

嗯,正因为有了这样一个缓冲和调整的机会,挺举的重量可以比抓举更大。

不过,这时巨大的重量压在身上,身体很难承受,呼吸会很急促,即便是专业运动员也不愿意多停留一秒。

如果调整时间过长,最终结果可能就会是这样……

最后,运动员需要像弹簧一样把全身弹开,脚下甚至会短暂腾空。弓步的姿态可以形成稳定的支撑,让运动员将杠铃举过头顶。

挺举中的上挺是指把杠铃从肩部举过头顶至两臂伸直。上挺多分为三种：半挺、下蹲挺和箭步挺。

下蹲挺是指后半程再次下蹲降低重心，人"钻"到杠铃下支撑后站起。

箭步挺

下蹲挺

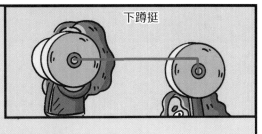

下蹲挺后半程，杠铃举过头顶时支撑的位置和前半程并没有太大变化。

杠铃被举高的距离短，更省力。

为了举起更大的重量，运动员会想尽办法缩短杠铃在运动过程中向上运动的距离。

其实也就是缩短做功的距离。运动员做的功变小，肯定就省力啦！

怎么样，你觉得大力士和举重运动员谁的力量更大呢？

我感觉这是两种不同的力量表现形式。

没错！如果举重运动员去参加大力士比赛，恐怕也会早早被淘汰。

好累啊！举重既消耗体力又消耗脑力。

果然像教练说的那样，举重是力量与技巧并重的运动。

甜美多汁的西瓜，是科普实验中人们的最爱。

教练，一定还有更厉害的力量，您再想想。

24

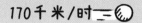 170千米/时

251千米/时

400千米/时

210千米/时

羽毛球这种惊人的力量很大程度上是它的超高运动速度带来的。

羽毛球是挥拍类项目中公认的球速之王，它的最快球速能达到 400 千米 / 时。

你先感受一下这两个以同样速度运动的球。

之前我们说过，动量是物体运动时的"冲劲"。

动量 = 质量 × 速度

我质量大，动量大。

我质量小，动量小。

我明白了，羽毛球虽然只有 5 克重，但球速快，所以动量就大了！

羽毛球和西瓜接触的瞬间，速度变为零，动量也随之变为零。

这时候，羽毛球的动量在极短的时间内发生变化，变成冲量转到西瓜上。

冲量和力的作用时间有关。羽毛球和西瓜相撞的时间只有零点零几秒，所以在冲量恒定的情况下，西瓜承受的力会非常大。

就是这个力量把西瓜打爆了。

如果西瓜不想被打爆呢？

那就装进箱子喽。

日常生活中，我们把易碎品装进泡沫箱，就是利用泡沫的弹性作为缓冲，延长力的作用时间，从而减少冲击力。

原来如此！

哈哈哈！没想到吧？

牛顿教练，这里面也有物理玄机吧？

那是一定的！

身体的中间区域是人体稳定性最强的核心部位，而且由于年轻人比较高，他推对方的时候，施力的方向很容易变成向前下方。

你看比赛规则——

规则规定：只能推对方胸部以下的位置。

也就是说，很大一部分的力量通过太极高手的身体传导到了地面上。

你再仔细观察一下太极高手的站姿。

他看起来站得很稳。

太极高手的头往前，身体往后，呈重心前置的姿势，使身体和地面形成了一个三角形。

虽然对方横着推，但是由于他的站位是倾斜的，对方的作用力呈斜向下的方向，分解为一个竖直向下的力和一个向后的推力。

这么看来，向下的力比横向的力大多了。

水平向后的力被削弱了，而且由于腿的倾斜角度大，这个力小于脚底的摩擦力，所以年轻人想往后推动半步都难！

势单力薄呀。

再见啦。

没想到力量还具有强大的稳定性。物理学里的力真奇妙！

我来举个例子：如果拿一根木棍斜着支撑到门上，外面的人用力推门，你觉得容易推开吗？

牛顿教练，开门！我根本推不开！

这个力的原理跟刚才太极高手的例子类似。

同时，太极高手还用了其他方法来减小水平分力对他的作用。

双手将年轻人的肘向上托，使他脚下的摩擦力降低。

没有摩擦力助攻，使不上劲儿！

感知年轻人用力的方向，调整重心，使他的力不能作用在自己的重心上。这样，年轻人施力的方向不是斜向左下、斜向右下就是垂直向下。

反正不能向后！

太极拳的玄妙之处就是充分利用了物理原理。

物理原理解析

看来你今天的收获不小啊。

多亏了牛顿教练的帮助!

你找到"奇迹之力"了吗?

没有。

我的意思是,今天遇到的这么多力量中,没有哪一个最厉害,而是各有各的神奇之处。

你能悟到这个道理很不简单。物理总能给人惊喜!

瞄准的奥秘

这次的研究结束!让我看看下次研究什么……

我知道,在物理学中的探索是没有终点的,我一定会继续下去。

在科学面前，很多看似不可思议的现象都会褪下神秘的面纱，比如：举重运动员如何把超过自身体重的杠铃举过头顶……

看似轻飘飘的羽毛球如何轻松打爆西瓜……

别走开，后面有惊喜！

年逾花甲的老人如何对抗体格健壮的年轻人……这些惊人的力量背后都有牛顿教练忙碌的身影。

在牛顿教练建立的物理世界里，有各种"力"在大显神通。这些"力"虽然和"力量"不同，但正是它们左右着各种"力量"的发挥。

请看我对牛顿教练的专访！

力的作用是相互的。

什么是力呢？

力的单位是牛顿，那么1牛顿的力到底有多大？

力就是物体之间的相互作用。

力是让物体改变运动状态……

或发生形变的外因。

托起2个鸡蛋用的力大概就相当于1牛顿。

地球和我们相互吸引，但是地球质量大，它对我们的万有引力大，把我们吸向了它。

物体由于被地球吸引而受到的力叫重力。重力是由于万有引力而产生的。

重力的方向总是竖直向下的。

这样我们就不会飘到空中了。

宇宙中任何两个物体之间都存在互相吸引的力，也就是万有引力。

34

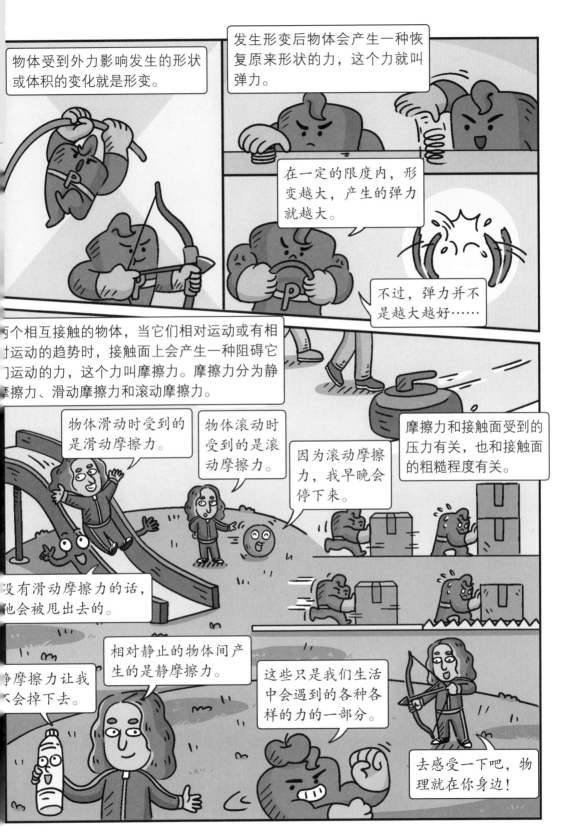

物体受到外力影响发生的形状或体积的变化就是形变。

发生形变后物体会产生一种恢复原来形状的力，这个力就叫弹力。

在一定的限度内，形变越大，产生的弹力就越大。

不过，弹力并不是越大越好……

两个相互接触的物体，当它们相对运动或有相对运动的趋势时，接触面上会产生一种阻碍它们运动的力，这个力叫摩擦力。摩擦力分为静摩擦力、滑动摩擦力和滚动摩擦力。

物体滑动时受到的是滑动摩擦力。

物体滚动时受到的是滚动摩擦力。

因为滚动摩擦力，我早晚会停下来。

摩擦力和接触面受到的压力有关，也和接触面的粗糙程度有关。

没有滑动摩擦力的话，他会被甩出去的。

相对静止的物体间产生的是静摩擦力。

这些只是我们生活中会遇到的各种各样的力的一部分。

静摩擦力让我不会掉下去。

去感受一下吧，物理就在你身边！

重力与质量的关系

物体受到的重力既和它的质量相关，也和它所处的位置相关。

重力与质量成正比，重力随着纬度的改变而改变。同一个物体，在地球两极时重力最大，在赤道时重力最小。

在地球上，质量为 1 千克的物体受到的重力为 9.8 牛顿，这个物体如果被放在月球上，它的重力只有地球上重力的 1/6。

摆脱地球引力

人类一直在为摆脱地球引力而努力。

现在的航天科技已经可以让人类离开地球去太空探险。如果不考虑空气阻力，航天器要想完全摆脱地球引力的束缚，它飞行的初始速度需要达到 11.2 千米／秒以上，这个速度就是第二宇宙速度，也叫逃逸速度。航天器达到这样的速度便会沿一条抛物线飞行，脱离地球引力。

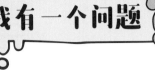

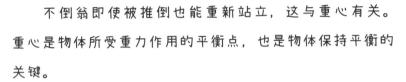

不倒翁的原理是什么?

中国科协
首席科学传播专家
郭亮

　　不倒翁即使被推倒也能重新站立，这与重心有关。重心是物体所受重力作用的平衡点，也是物体保持平衡的关键。

　　当不倒翁处于直立状态时，它的重心和地面接触点间的距离最小，即重心最低，此时不倒翁的势能也最小。根据物理学中的最小势能原理，当一个体系的势能最小时，系统会处于稳定平衡状态。当不倒翁被推倒时，它的重心会比直立状态的高，势能也随之增加。因此，去掉外力之后，不倒翁会恢复原来的直立状态，以保持势能较小的稳定状态。

　　此外，不倒翁的底部形状也会影响其稳定性。如果底部太窄或者太圆，重心容易偏移，不倒翁就容易被推倒。宽大又沉重的底部才能给不倒翁良好的支撑。

不要推我哟！　　　　　　嘿嘿，你推不倒我！

测力台通过测量物体在垂直方向上受到的力来计算物体所受的力的大小。

在测力台上测量羽毛球所受的力时，工作人员会先将测力台的传感器呈一定角度面向击球运动员。运动员挥手击球时，会尽量让球的运动方向与测力台的传感器垂直，这样球前进方向的能量都会作用到测力台上。测力台的传感器会测量到所受的力，并将这个力转化为电信号，通过计算机进行处理后，最终显示出球拍施加给羽毛球的力的大小。

其实，我们日常生活中用的体重秤就是一种最简单的测力传感器，只不过它的响应速率达不到测试羽毛球的标准。想象一下，如果有一款反应非常快的体重秤，你把它的尺寸做得尽量小一点儿，然后将几十个这样的小体重秤排成一个平面，一旦羽毛球打过来，击中某个体重秤，体重秤就能瞬间读出羽毛球的"体重"。这就是测力台的原理。

在羽毛球运动中，使用测力台能帮助运动员了解自己的发力情况，并进行相应的训练和调整。

人跳得越高，降落时受到的力越大吗？

刚跳起来时，人会受到重力和向上的弹力作用，跃到空中时，人会受到重力和空气阻力的作用，所以人的速度会逐渐减小。当人达到最高点时，速度为零，并开始下落。

在下落过程中，人的速度逐渐增加，即将着陆时达到最大值。当人着陆时，速度会突然减小为零，这时人所受的冲击力达到最大值。所以，理论上说，人跳起的高度越高，落地时受到的力越大。

但是，人在跳跃的时候可以依靠肢体力量控制姿态，延长在空中的停留时间，比如著名篮球运动员乔丹就能在空中滞留接近1秒。在空中停留的时间越长，受到空气阻力的影响也越大，能够适当减小落地时的速度和受力。

同时，在落地时，从最大速度减小到速度为零也有一个"缓冲时间"。经常进行跳跃训练的人知道落地时如何调整自己的肢体形态，能够通过姿态变化获得更多的缓冲时间，大大减小落地时的冲击力。所以，很多专业运动员从高空落下后，会在地上滚动几圈，来增加缓冲时间。另外，人的肌肉组织也能起到缓冲作用，经常锻炼的人肌肉发达，他们落地时受到的冲击力对他们身体的伤害会小很多。

图书在版编目（CIP）数据

我的牛顿教练.5,惊人的力量 / 很忙工作室著；有福画童书绘. — 北京：北京科学技术出版社，2023.12（2024.2重印）
（科学家们有点儿忙）
ISBN 978-7-5714-3236-2

Ⅰ.①我⋯　Ⅱ.①很⋯ ②有⋯　Ⅲ.①物理学—儿童读物　Ⅳ.①O4-49

中国国家版本馆CIP数据核字(2023)第180519号

策划编辑： 樊文静
责任编辑： 樊文静
封面设计： 沈学成
图文制作： 旅教文化
营销编辑： 赵倩倩　郭靖桓
责任印制： 吕　越
出 版 人： 曾庆宇
出版发行： 北京科学技术出版社
社　　址： 北京西直门南大街 16 号
邮政编码： 100035
电　　话： 0086-10-66135495（总编室）
　　　　　　 0086-10-66113227（发行部）
网　　址： www.bkydw.cn
印　　刷： 北京宝隆世纪印刷有限公司
开　　本： 710 mm × 1000 mm　1/16
字　　数： 50 千字
印　　张： 2.5
版　　次： 2023 年 12 月第 1 版
印　　次： 2024 年 2 月第 3 次印刷
ISBN 978-7-5714-3236-2

定　　价： 159.00 元（全 6 册）

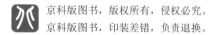